Gongcheng Dizhi Xuexi Shouce

工程地质学习手册

齐丽云　徐秀华　杨晓艳　主　编

人民交通出版社股份有限公司
China Communications Press Co.,Ltd.

目录
MULU

模块一 认识工程地质

一、知识评价

1.请书写并记忆工程地质条件的概念。

2.请查阅并书写公路结构组成的主要内容。

二、能力评价

1.请列出图 1-0-1 中该公路通过地带的自然地质因素,并初步判定可能发生的工程地质问题。

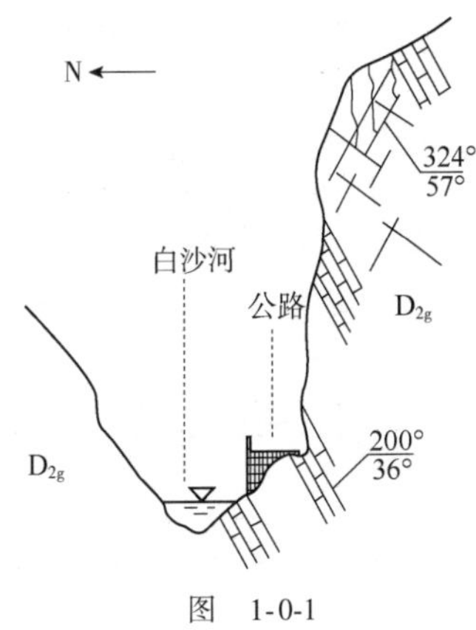

图 1-0-1

2.请列出图 1-0-2 中该桥基工程的各种自然地质因素及可能发生的工程地质问题。

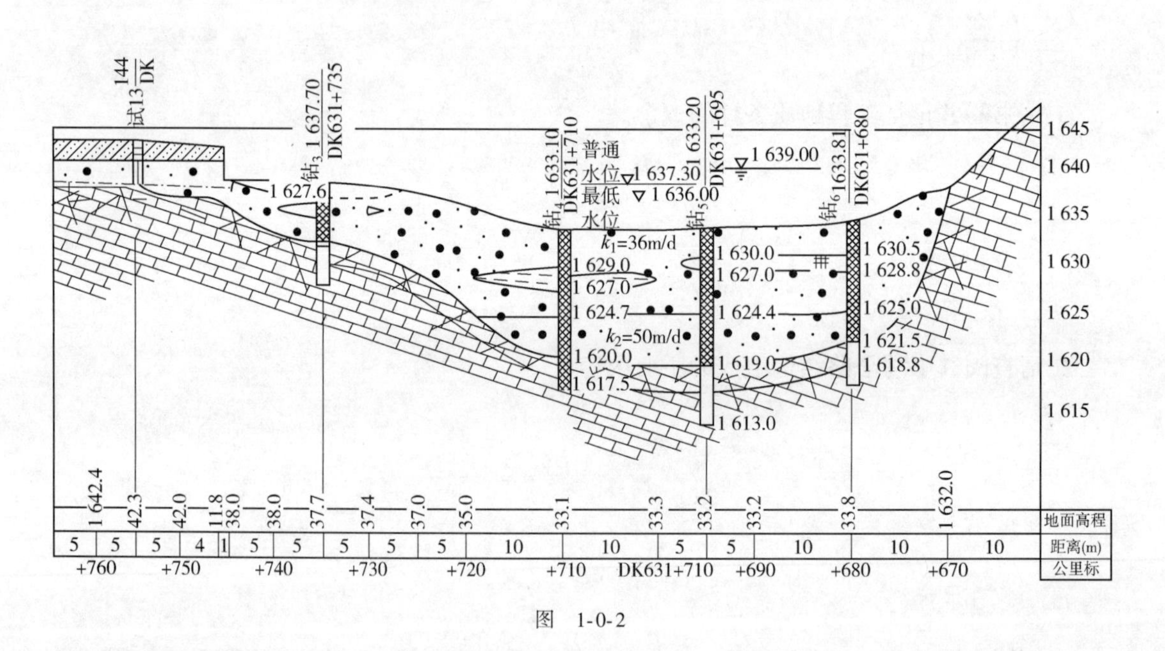

图 1-0-2

三、能力拓展

1.请查阅国家或行业关于公路设计和施工方面的规范、规程和标准。

2.请查阅国家或行业地质规范、规程和标准。

3.请识读某路基横断面的组成要素,见图 1-0-3。

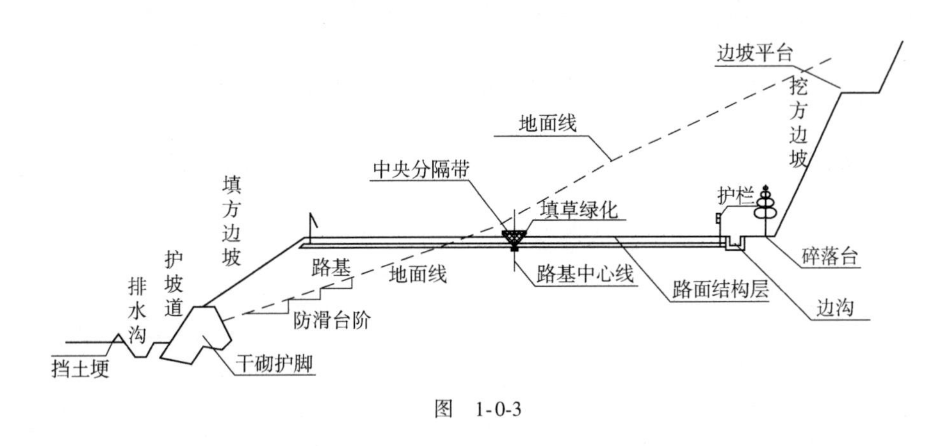

图 1-0-3

四、单元评价(表 1-0-1)

表 1-0-1

小组互评	签字 年 月 日
教师评价	签字 年 月 日

模块二 工程地质勘察

单元1 公路工程地质勘察

一、知识评价

1.请书写并记忆工程地质勘察的概念。

2.请查阅并书写公路工程地质勘察的主要任务。

二、能力评价

1.请填写工程地质条件复杂程度表(表2-1-1)。

表2-1-1

复杂程度	工程地质特征

2.阅读某公路项目具体勘察报告,总结该报告中工程地质勘察的内容和方法。

三、能力拓展

1.请查阅并书写与工程地质勘察相关的规范名称。

2.请查阅并书写规范中关于地质勘察技术要求的主要项目。

四、单元评价(表 2-1-2)

表 2-1-2

小组互评	签字 年 月 日
教师评价	签字 年 月 日

单元2 初步勘察

一、知识评价

1.请书写并记忆初步勘察的作用。

2.请查阅并书写初步勘察工作的主要内容。

二、能力评价

1.请阅读某桥梁工点的初勘报告并简要填写表2-2-1。

表2-2-1

勘察项目	勘察内容	勘察方法
桥梁初勘		

2.请阅读某项目的初勘报告并简要填写表2-2-2。

表2-2-2

勘察项目	勘察内容	勘察方法
路线初勘		
一般路基初勘		
天然建材初勘		

三、能力拓展

请查阅并书写公路工程地质勘察规范中初步勘察的所有项目。

四、单元评价(表 2-2-3)

表 2-2-3

小组互评	签字　　年　月　日
教师评价	签字　　年　月　日

单元3 详细勘察

一、知识评价

1.请书写并记忆详细勘察的作用。

2.请查阅并书写详细勘察工作的主要内容。

二、能力评价

1.请阅读某桥梁工点的详勘报告并简要填写表 2-3-1。

表 2-3-1

勘 察 项 目	勘 察 内 容	勘 察 方 法
桥梁详勘		

2.请阅读某项目的详勘报告并简要填写表 2-3-2。

表 2-3-2

勘 察 项 目	勘 察 内 容	勘 察 方 法
路线详勘		
一般路基详勘		
天然建材详勘		

三、能力拓展

请查阅并书写公路工程地质勘察规范中详细勘察的所有项目。

四、单元评价（表 2-3-3）

表 2-3-3

小组互评	签字 年 月 日
教师评价	签字 年 月 日

单元 4 不良地质工程勘察

一、知识评价

1.请书写并记忆各种不良地质工程勘察的适用条件。

2.请对比阅读并书写各种不良地质勘察基本要求的异同点。

二、能力评价

1.请阅读某公路的初勘报告,并填写各种不良地质工程勘察的内容和方法(表2-4-1)。

表2-4-1

不良地质类型	初勘内容和方法

2.请阅读某公路的详勘报告,并填写两种不良地质工程勘察的内容和方法(表2-4-2)。

表2-4-2

不良地质类型	详勘内容和方法

三、能力拓展

请查阅并书写公路勘测细则中初勘和详勘应提交的相关图表、技术资料的内容。

四、单元评价(表 2-4-3)

表 2-4-3

小组互评	签字 年 月 日
教师评价	签字 年 月 日

模块三 岩石鉴定

单元1 造岩矿物

一、知识评价

1.请书写并记忆地质作用和矿物概念。

2.请书写并熟记常见的造岩矿物名称。

二、能力评价

1.请根据图 3-1-1 所示分析三大类岩石的形成过程。

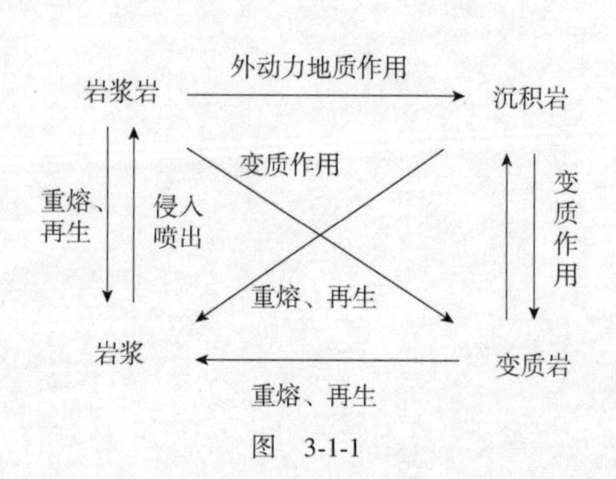

图 3-1-1

2.请说明石英和方解石的主要鉴定特征。

三、能力拓展

结合实际举例说明矿物与岩石在生活中的应用。

四、单元评价(表 3-1-1)

表 3-1-1

小组互评	签字　　　年　　月　　日
教师评价	签字　　　年　　月　　日

单元2 岩　　石

一、知识评价

1.请书写并记忆岩石的概念。

2.请书写并熟记三大岩中常见的岩石名称。

二、能力评价

请绘制并填写岩石特征对比表(表 3-2-1)。

表 3-2-1

特征 岩类	物质成分	结　构	构　造	成　因

三、能力拓展

结合图 3-2-1 分析如下问题:

(1)说出图中所示出露岩石的类型和名称;

(2)粗略判断不同部位岩石的风化程度;

(3)查资料,列出岩石地基桥梁基础埋置深度情况;

(4)查阅岩石的工程分类表,填写岩石可能的工程等级(表 3-2-2)。

表 3-2-2

岩石类型/名称	
岩石风化程度	
桥基埋置深度	
岩石工程等级	

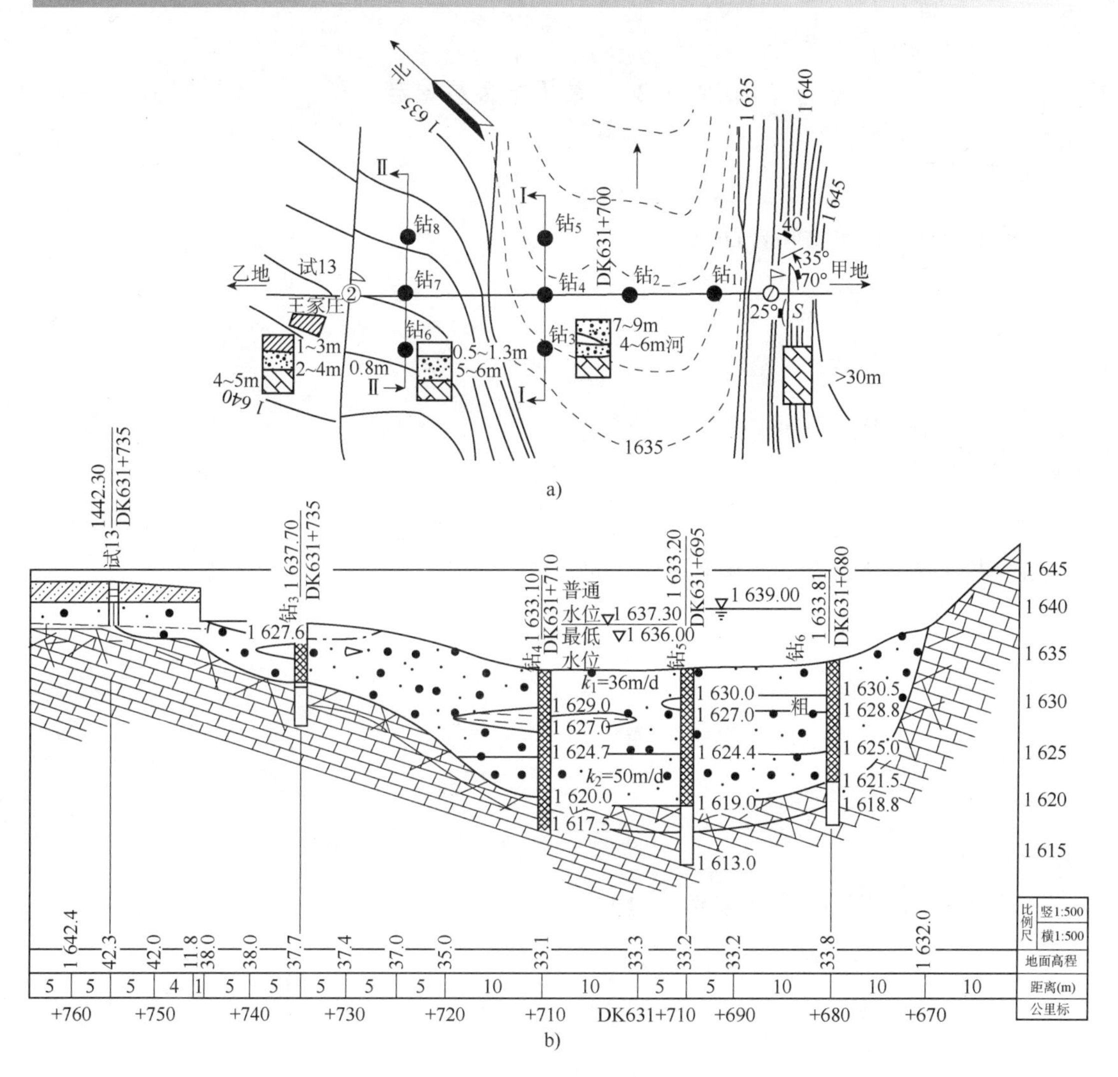

图 3-2-1 桥梁工程地质图

a)平面图；b)纵剖面图

四、单元评价(表 3-2-3)

表 3-2-3

小组互评	签字 年 月 日
教师评价	签字 年 月 日

试验 3-2-1　岩石学简易鉴定

一、知识评价

1.请书写并记忆矿物和岩石的概念。

2.请书写并记忆岩石学简易鉴定的目的。

3.请书写并记忆岩石学简易鉴定的用具。

二、能力评价

1.简述岩石学简易鉴定的步骤,并分组完成鉴定任务。

2.请填写岩石学简易鉴定记录表(表 3-2-4)。

岩石学简易鉴定记录　　表 3-2-4

<table>
<tr><td colspan="3">工程项目</td><td colspan="3"></td></tr>
<tr><td colspan="3">岩石产地</td><td colspan="3"></td></tr>
<tr><td colspan="3">岩石用途</td><td colspan="3"></td></tr>
<tr><td colspan="3">试样编号</td><td colspan="3"></td></tr>
<tr><td rowspan="12">岩相描述</td><td colspan="2">颜色</td><td></td><td></td><td></td></tr>
<tr><td colspan="2">构造</td><td></td><td></td><td></td></tr>
<tr><td rowspan="4">结构</td><td>结晶程度</td><td></td><td></td><td></td></tr>
<tr><td>矿粒大小</td><td></td><td></td><td></td></tr>
<tr><td>胶结物</td><td></td><td></td><td></td></tr>
<tr><td>特征结构</td><td></td><td></td><td></td></tr>
<tr><td rowspan="3">矿物成分</td><td>重要的</td><td></td><td></td><td></td></tr>
<tr><td>次要的</td><td></td><td></td><td></td></tr>
<tr><td>次生的</td><td></td><td></td><td></td></tr>
<tr><td rowspan="3">风化情况</td><td>矿物光泽</td><td></td><td></td><td></td></tr>
<tr><td>矿物变化</td><td></td><td></td><td></td></tr>
<tr><td>风化程度</td><td></td><td></td><td></td></tr>
</table>

三、能力拓展

请查阅《公路工程岩石试验规程》(JTG E41—2005)(以下简称《试验规程》),列表给出《试验规程》中几种典型岩石的鉴定特征。

四、单元评价(表 3-2-5)

表 3-2-5

小组互评	签字　　　年　月　日
教师评价	签字　　　年　月　日

模块四 土的工程性质及土工试验

单元1 土的三相组成

一、知识评价

1.请指出图 4-1-1 中土的三相组成是什么。

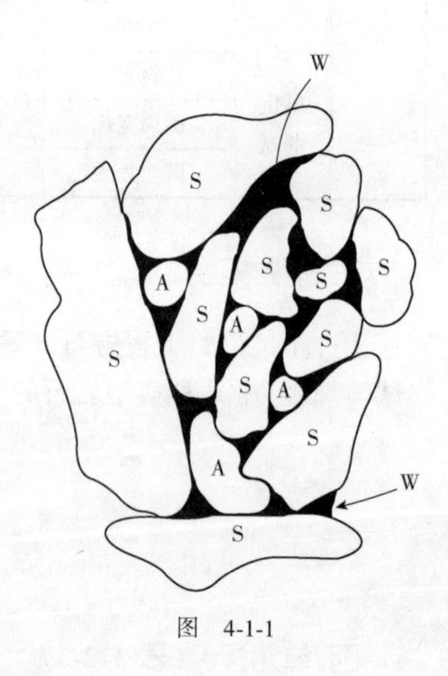

图 4-1-1

2.请书写并记忆土的粒度成分的概念。

二、能力评价

1.请填写并快速记忆粒组的粒径范围(表 4-1-1)。

表 4-1-1

粒组的粒径范围(mm)	粒 组 的 名 称		
	巨粒	漂石粒(块石粒)	
		卵石粒(碎石粒)	
	粗粒	砾粒	粗砾粒
			中砾粒
			细砾粒
		砂粒	粗砂粒
			中砂粒
			细砂粒
	细粒	粉粒	
		黏粒	

2.请确定图 4-1-2 中 A、B、C 三种土样的不均匀系数 C_u 和曲率系数 C_c,并判断土样的级配情况。

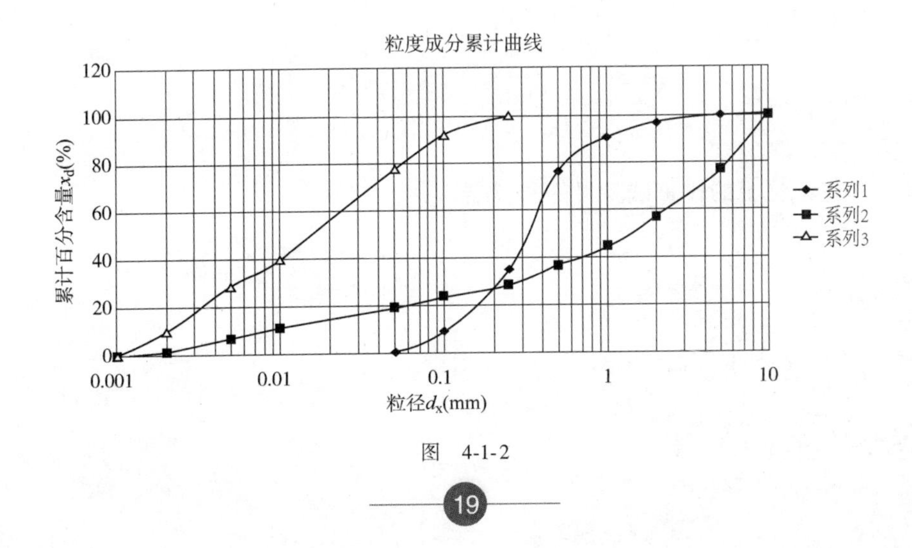

图 4-1-2

三、能力拓展

通过查阅资料列出与《土质学》相关的公路规范、规程和标准。

四、单元评价(表4-1-2)

表4-1-2

小组互评	签字　　年　月　日
教师评价	签字　　年　月　日

试验4-1-1　土的比重测定

一、知识评价

1.请书写并记忆土的比重概念。

2.请书写并记忆土的比重试验目的和仪器。

二、能力评价

1.简述土的比重试验步骤,并分组完成试验任务。

2.请填写土的比重试验数据记录表(表4-1-3)。

比重瓶法试验记录　　表4-1-3

比重瓶号	温度(℃)	液体比重	比重瓶质量(g)	瓶、干土总质量(g)	干土质量(g)	瓶、液总质量(g)	瓶、液、土总质量(g)	与干土同体积液体质量(g)	比重	平均比重值	备注
(1)	(2)	(3)	(4)	(5)	(6)	(7)	(8)	(9)			

三、能力拓展

通过查资料列出《试验规程》中土的比重的其他测试方法,分析每种测试方法的适用范围,并比较其优缺点。

四、单元评价(表4-1-4)

表4-1-4

小组互评	签字　　年　月　日
教师评价	签字　　年　月　日

试验 4-1-2　土的颗粒分析(筛分试验)

一、知识评价

1.请书写并记忆粒度成分的分析方法和适用条件。

2.请书写并记忆颗粒分析试验目的和仪器。

二、能力评价

1.简述颗粒分析试验的步骤,并分组完成试验任务。

2.请填写颗粒大小分析试验数据记录表(表 4-1-5),并绘制粒度成分累计曲线(图 4-1-3)。

颗粒大小分析试验记录表(筛分法)　表 4-1-5

筛前总土质量 =　　　　小于 2mm 取试样质量 =

小于 2mm 土质量 =　　　　小于 2mm 土占总土质量 =

粗筛分析				细筛分析			
孔径(mm)	累积留筛土质量(g)	小于该孔径的土质量(g)	小于该孔径土质量百分比(%)	孔径(mm)	累积留筛土质量(g)	小于该孔径的土质量(g)	小于该孔径土质量百分比(%)
				2.0			
60				1.0			
40				0.5			
20				0.25			
10				0.075			
5				筛底			
2							
筛底							

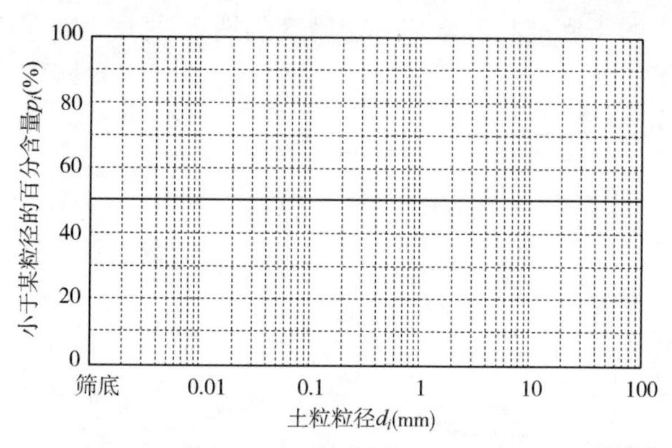

图 4-1-3　粒度成分累计曲线

三、能力拓展

根据颗粒分析试验的结果，评价土颗粒的级配情况。

四、单元评价(表 4-1-6)

表 4-1-6

小组互评	签字　　　年　　月　　日
教师评价	签字　　　年　　月　　日

单元 2　土的物理性质指标

一、知识评价

1.请指出土的三相图(图 4-2-1)中字母符号的物理含义。

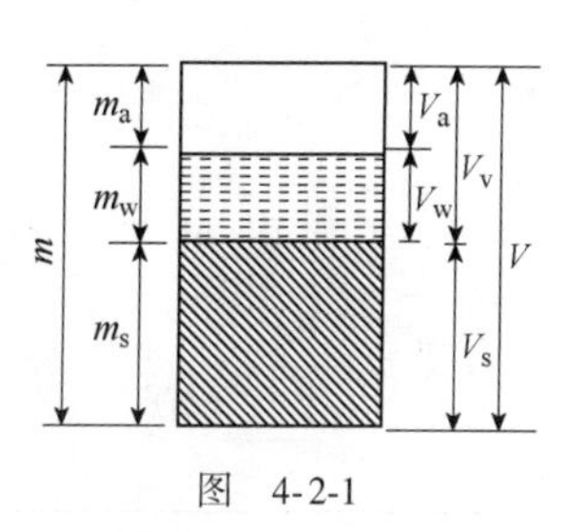

图　4-2-1

2.请书写并记忆土的干密度与含水率和湿密度的换算公式。

二、能力评价

1.请书写并熟练掌握土的天然密度、干密度、饱和密度、浮密度、含水率、饱和度、孔隙比和孔隙率的物理公式。

2.某路基施工填土时,土较干不利压实,取湿土 3 000g,测其含水率 $w=12.4\%$,拟将含水率增加到 20%,试计算该土样中应加多少水?

3.某个试样在天然状态下的体积为 60 cm^3,称得其质量为 108g,将其烘干后称得质量为 96.43g,根据试验得到的土的比重 $G_S=2.70$,试求试样的天然密度 ρ、干密度 ρ_d、含水率 w、孔隙比 e、孔隙率 n 和饱和度 S_r。

4.请利用三相图法计算土的物理性质指标。

某原状土样，经测试得：湿密度 $\rho = 1.69\text{g/cm}^3$，土的比重 $G_S = 2.72$，含水率 $w = 12.8\%$，用三相图法计算该土样的干密度 ρ_d、孔隙比 e 和饱和度 S_r？

三、能力拓展

如何理解干密度在路基压实质量检测中的控制作用。

四、单元评价（表 4-2-1）

表 4-2-1

小组互评	签字　　　年　月　日
教师评价	签字　　　年　月　日

试验 4-2-1　土体密度测定（环刀法）

一、知识评价

1.请书写并记忆土的密度和干密度的概念。

2.请书写并记忆土的密度试验目的和仪器。

二、能力评价

1.简述土的密度试验步骤,并分组完成试验任务。

2.请填写土的密度试验数据记录表(表 4-2-2)。

密度试验记录(环刀法)

表 4-2-2

土样编号	1		2	
环刀号	1	2	3	4
环刀容积(cm^3)				
环刀质量(g)				
土+环刀质量(g)				
土样质量(g)				
密度(g/cm^3)				
含水率(%)				
干密度(g/cm^3)				
平均干密度(g/cm^3)				

三、能力拓展

通过查资料列出《试验规程》中密度的其他测试方法,分析每种测试方法的适用范围,并比较其优缺点。

四、单元评价(表 4-2-3)

表 4-2-3

小组互评	签字　　年　月　日
教师评价	签字　　年　月　日

试验 4-2-2　土的含水率测定(酒精燃烧法)

一、知识评价

1.请书写并记忆土的含水率的概念。

2.请书写并记忆土的含水率试验目的和仪器。

二、能力评价

1.简述土的含水率试验步骤,并分组完成试验任务。

2.请填写土的含水率试验数据记录表(表4-2-4)。

含水率试验记录　　表4-2-4

盒　号	1	2
盒质量(g)		
盒+湿土质量(g)		
盒+干土质量(g)		
水分质量(g)		
干土质量(g)		
含水率(%)		
平均含水率(%)		

三、能力拓展

通过查资料列出《试验规程》中含水率的其他测试方法,分析每种测试方法的适用范围,并比较其优缺点。

四、单元评价(表4-2-5)

表4-2-5

小组互评	签字　　年　月　日
教师评价	签字　　年　月　日

单元3　土的物理状态指标

一、知识评价

1.请书写并记忆液限含水率和塑限含水率的概念。

2.请书写并记忆塑性指数和液性指数的概念及公式。

二、能力评价

某土样的液限含水率 $w_L = 37.6\%$，塑限含水率 $w_p = 24.2\%$，天然含水率 $w = 25.5\%$，求该土的塑性指数 I_p、液性指数 I_L 并判定该土样处于何种状态。

三、能力拓展

请查阅相关规范，说明黏性土的塑性指数和液性指数在工程中的应用。

四、单元评价(表 4-3-1)

表 4-3-1

小组互评	签字　　年　月　日
教师评价	签字　　年　月　日

试验 4-3-1　界限含水率测定

一、知识评价

1.请书写并记忆界限含水率的概念。

2.请书写并记忆界限含水率试验目的和仪器。

二、能力评价

1.简述界限含水率试验步骤,并分组完成试验任务。

2.请填写界限含水率试验数据记录表(表 4-3-2),并绘制锥入深度与含水率关系图(图 4-3-1)。

液塑限联合测定试验记录　　表 4-3-2

<table>
<tr><td colspan="2">试验次数
试验项目</td><td colspan="2">1</td><td colspan="2">2</td><td colspan="2">3</td><td>备　注</td></tr>
<tr><td rowspan="3">入土深度
(mm)</td><td>h_1</td><td colspan="2"></td><td colspan="2"></td><td colspan="2"></td><td></td></tr>
<tr><td>h_2</td><td colspan="2"></td><td colspan="2"></td><td colspan="2"></td><td></td></tr>
<tr><td>$\frac{1}{2}(h_1+h_2)$</td><td colspan="2"></td><td colspan="2"></td><td colspan="2"></td><td></td></tr>
<tr><td rowspan="8">含水率</td><td>盒号</td><td>1</td><td>2</td><td>1</td><td>2</td><td>1</td><td>2</td><td></td></tr>
<tr><td>盒质量(g)</td><td></td><td></td><td></td><td></td><td></td><td></td><td></td></tr>
<tr><td>盒+湿土质量(g)</td><td></td><td></td><td></td><td></td><td></td><td></td><td></td></tr>
<tr><td>盒+干土质量(g)</td><td></td><td></td><td></td><td></td><td></td><td></td><td></td></tr>
<tr><td>水分质量(g)</td><td></td><td></td><td></td><td></td><td></td><td></td><td></td></tr>
<tr><td>干土质量(g)</td><td></td><td></td><td></td><td></td><td></td><td></td><td></td></tr>
<tr><td>含水率(%)</td><td></td><td></td><td></td><td></td><td></td><td></td><td></td></tr>
<tr><td>平均含水率(%)</td><td colspan="2"></td><td colspan="2"></td><td colspan="2"></td><td></td></tr>
<tr><td>塑性指数 I_p</td><td></td><td colspan="6">土的名称</td><td></td></tr>
</table>

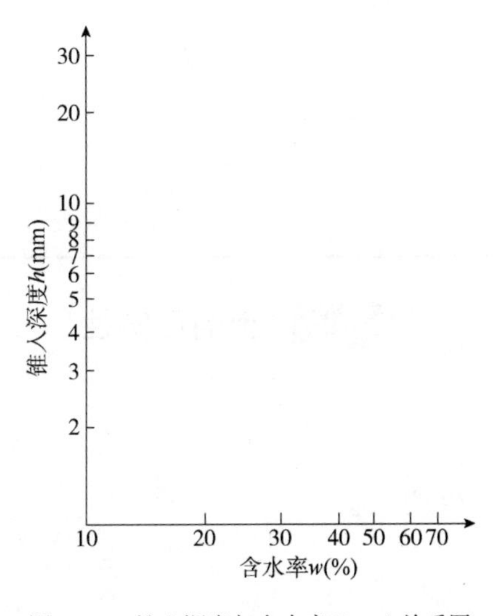

图 4-3-1　锥入深度与含水率(h-w)关系图

三、能力拓展

1.根据土的液塑限试验结果粗略判定该土的物理状态及工程性质。

2.通过查资料列出《试验规程》中界限含水率的其他测试方法，比较其优缺点。

3.如何用滚搓法粗略判定土的塑限含水率？

四、单元评价(表4-3-3)

表4-3-3

小组互评	签字　　年　月　日
教师评价	签字　　年　月　日

单元4　土的压实性

一、知识评价

1.请书写并记忆土的压实性的概念。

2.研究土的压实性的目的是什么?

二、能力评价

某公路施工现场附近有一土料场,该料场的土料为低液限黏土,可以作为土质填方路基的填料,请回答以下问题。

(1)取该土样做击实试验,结果见表 4-4-1,请绘制击实曲线并确定该土料的最大干密度 ρ_{dmax} 和最佳含水率 w_{0p}。

表 4-4-1

测值 \ 次数	1	2	3	4	5
湿密度(g/cm^3)	1.88	1.96	2.03	2.12	2.09
含水率(%)	10.1	11.8	13.0	15.3	19.0
干密度(g/cm^3)					

(2)路基填筑前进行了该土料的物理指标测定:天然含水率 $w=16.8\%$,土的比重 $G_s=2.70$,请问该土料的天然含水率是否适于直接填筑?碾压时土料含水率应控制在多少?

(3)用该土料填筑某一层路基后,进行压实质量检测,测得压实后土体湿密度 $\rho=2.03g/cm^3$,含水率 $w=14.7\%$,设计中要求压实度 $D_C=95\%$,请判断该层压实质量是否符合要求。

三、能力拓展

1.分析路基施工过程影响压实效果的因素有哪些？

2.请查阅相关资料，分析若击实效果达不到预期效果时，如何处理？

四、单元评价（表4-4-2）

表4-4-2

小组互评	签字　　年　月　日
教师评价	签字　　年　月　日

试验4-4-1　土的击实试验

一、知识评价

1.请书写并记忆最佳含水率的概念。

2.请书写并记忆击实试验目的和仪器。

二、能力评价

1.简述击实试验步骤,并分组完成试验任务。

2.请填写击实试验数据记录表(表4-4-3),并绘制含水率与干密度关系曲线(图4-4-1)。

击 实 试 验 记 录

表4-4-3

<table>
<tr><td colspan="2">土样编号</td><td colspan="2"></td><td colspan="2">筒号</td><td colspan="2"></td><td colspan="2">落距(cm)</td><td colspan="2"></td></tr>
<tr><td colspan="2">土样来源</td><td colspan="2"></td><td colspan="2">筒容积(cm³)</td><td colspan="2"></td><td colspan="2">每层击数</td><td colspan="2"></td></tr>
<tr><td colspan="2">试验日期</td><td colspan="2"></td><td colspan="2">击锤质量(kg)</td><td colspan="2"></td><td colspan="2">大于5mm
颗粒含量</td><td colspan="2"></td></tr>
<tr><td rowspan="6">干
密
度</td><td>试验次数</td><td colspan="2">1</td><td colspan="2">2</td><td colspan="2">3</td><td colspan="2">4</td><td colspan="2">5</td></tr>
<tr><td>筒+土质量(g)</td><td colspan="2"></td><td colspan="2"></td><td colspan="2"></td><td colspan="2"></td><td colspan="2"></td></tr>
<tr><td>筒质量(g)</td><td colspan="2"></td><td colspan="2"></td><td colspan="2"></td><td colspan="2"></td><td colspan="2"></td></tr>
<tr><td>湿土质量(g)</td><td colspan="2"></td><td colspan="2"></td><td colspan="2"></td><td colspan="2"></td><td colspan="2"></td></tr>
<tr><td>湿密度(g/cm³)</td><td colspan="2"></td><td colspan="2"></td><td colspan="2"></td><td colspan="2"></td><td colspan="2"></td></tr>
<tr><td>干密度(g/cm³)</td><td colspan="2"></td><td colspan="2"></td><td colspan="2"></td><td colspan="2"></td><td colspan="2"></td></tr>
<tr><td rowspan="8">含
水
率</td><td>盒号</td><td>1</td><td>2</td><td>1</td><td>2</td><td>1</td><td>2</td><td>1</td><td>2</td><td>1</td><td>2</td></tr>
<tr><td>盒质量(g)</td><td></td><td></td><td></td><td></td><td></td><td></td><td></td><td></td><td></td><td></td></tr>
<tr><td>盒+湿土质量(g)</td><td></td><td></td><td></td><td></td><td></td><td></td><td></td><td></td><td></td><td></td></tr>
<tr><td>盒+干土质量(g)</td><td></td><td></td><td></td><td></td><td></td><td></td><td></td><td></td><td></td><td></td></tr>
<tr><td>水质量(g)</td><td></td><td></td><td></td><td></td><td></td><td></td><td></td><td></td><td></td><td></td></tr>
<tr><td>干土质量(g)</td><td></td><td></td><td></td><td></td><td></td><td></td><td></td><td></td><td></td><td></td></tr>
<tr><td>含水率(%)</td><td></td><td></td><td></td><td></td><td></td><td></td><td></td><td></td><td></td><td></td></tr>
<tr><td>平均含水率(%)</td><td colspan="2"></td><td colspan="2"></td><td colspan="2"></td><td colspan="2"></td><td colspan="2"></td></tr>
<tr><td colspan="6">最大干密度 ρ_{dmax} =</td><td colspan="6">最佳含水率 w_{0p} =</td></tr>
</table>

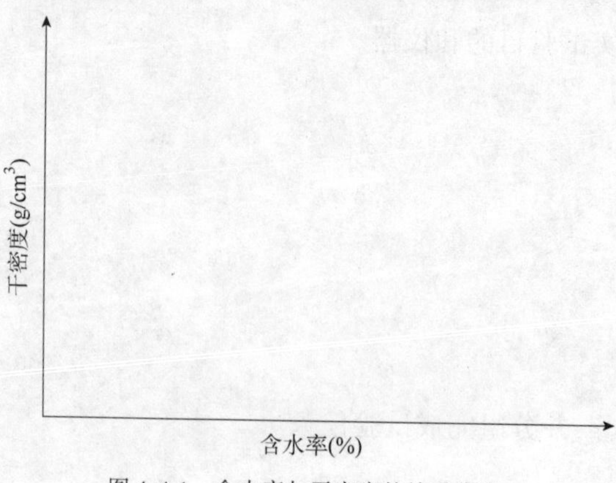

图 4-4-1　含水率与干密度的关系曲线

三、能力拓展

1.根据该土的击实试验结果和现场干密度的计算结果,依据《公路工程质量检验评定标准》(JTG F80/1—2004)评定路基压实质量。

2.请查阅相关资料,分析室内击实试验与现场压实度的关系。

四、单元评价(表 4-4-4)

表 4-4-4

小组互评	签字　　　年　　月　　日
教师评价	签字　　　年　　月　　日

试验 4-4-2 承载比(CBR)测定

一、知识评价

1.请书写并记忆土的承载比(CBR)的概念。

2.请书写并记忆土的承载比试验目的和仪器。

二、能力评价

1.简述土的承载比试验步骤,并分组完成试验任务。

2.请填写土的承载比试验数据记录表(表4-4-5)并绘出单位压力与贯入量关系图(图4-4-2)。

表 4-4-5

荷载测力百分表		单位压力	贯入量百分表读数					贯入量
读数	变形值	p	左表		右表		平均值	
			读数	位移值	读数	位移值	$R=(R_1+R_2)/2$	
R'_i	$R_1=R'_{i+1}-R'_i$		R_{1i}	$R_1=R_{1i+1}-R_{1i}$	R_{2i}	$R_2=R_{2i+1}-R_{2i}$		

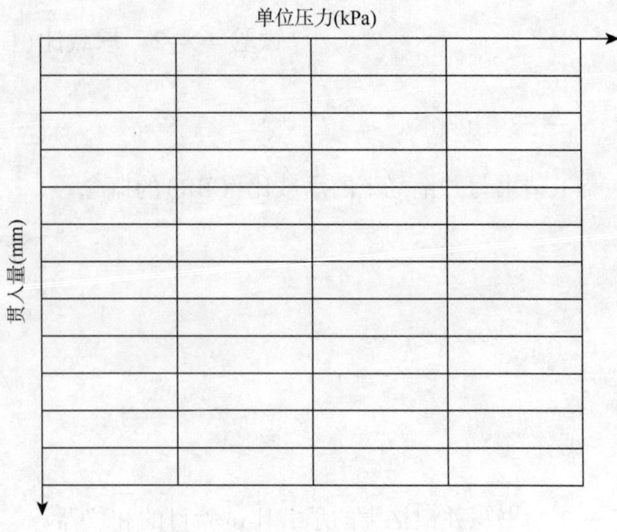

图 4-4-2　单位压力与贯入量关系图

三、能力拓展

请根据试验结果，并查阅《公路路基设计规范》（JTG D30—2015），判定土基填料的强度是否满足要求。

四、单元评价（表 4-4-6）

表 4-4-6

小组互评	签字　　年　月　日
教师评价	签字　　年　月　日

单元5 土的工程分类

一、知识评价

1.请根据《公路土工试验规程》(JTG E40—2007)的要求,书写并记忆土的分类原则。

2.请指出塑性图中不同区域土的名称。

二、能力评价

1.某一级公路,施工前对沿线两个土料场 A 和 B 进行检验,你作为工地试验员,请完成以下工作:

(1)请拟定检验的试验项目及试验方法。

(2)在两料场分别取样,烘干后称 500g 做试验,粒度成分分析结果见表 4-5-1,请初步给土分类定名。并分析结论是否完善,若需要调整,请拟定试验方法和试验测定结果,并再次进行分类定名。

表 4-5-1

粒组(mm)	A 料场土样		B 料场土样	
	筛余量(g)	粒度成分(%)	筛余量(g)	粒度成分(%)
10~5	0		25	
5~2	0		60	
2~1	45		50	
1~0.5	120		25	
0.5~0.25	210		10	
0.25~0.075	75		40	
<0.075	50		290	
定名				

（3）根据步骤（2）的结论，分别判断料场 A 和 B 中的土料是否可以用作路基填料。

2.某一级公路，施工前对沿线土料场进行检验，具体情况如下。

（1）取代表性土样，烘干后称 500g 做试验，筛分结果见表 4-5-2。请计算该土样的粒度成分，并给该土初步分类定名。

表 4-5-2

粒　组（mm）	料　场　土　样	
	筛余量（g）	粒度成分（%）
10~5	24	
5~2	56	
2~1	55	
1~0.5	20	
0.5~0.25	15	
0.25~0.075	30	
<0.075	300	
定名		

（2）在该土样筛分完成后，取 0.075mm 筛下土样 200g，做界限含水率试验，测得该土的塑限含水率 $w_p = 16.5\%$，液限含水率 $w_L = 39.8\%$。①计算该土的塑性指数 I_p；②根据塑性图及筛分试验结果对土进行综合定名。

三、能力拓展

查阅其他规范或规程中土的分类标准，比较异同之处。

四、单元评价(表 4-5-3)

表 4-5-3

小组互评	签字 年 月 日
教师评价	签字 年 月 日

模块五　地质构造与地貌

单元1　地质构造

单元1.1　地质构造类型

一、知识评价

1.请书写并记忆地层和地质构造概念。

2.请书写并熟记常见地质构造类型。

二、能力评价

1.请根据图5-1-1标注该岩层的产状要素。

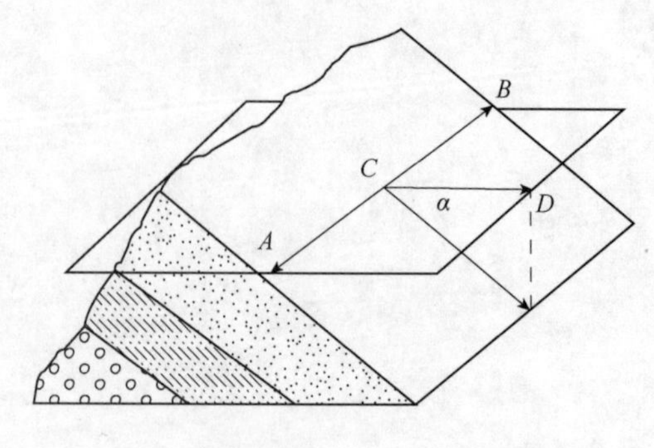

图　5-1-1

2.请判断图 5-1-2 中所示地质构造类型,并说明判断依据。

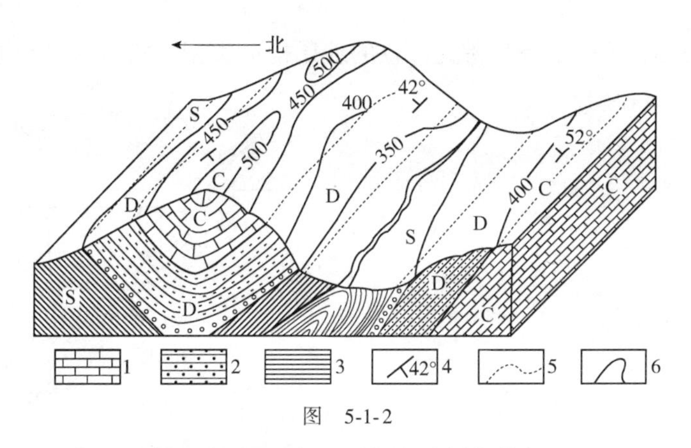

图 5-1-2

3.请判断图 5-1-3 中所示断层的成因类型,并说明判断依据。

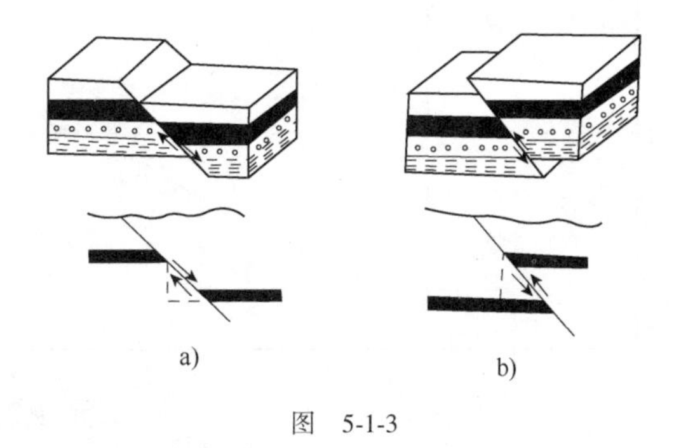

图 5-1-3

三、能力拓展

1.请分析如图 5-1-4 所示背斜谷和向斜山的形成原因。

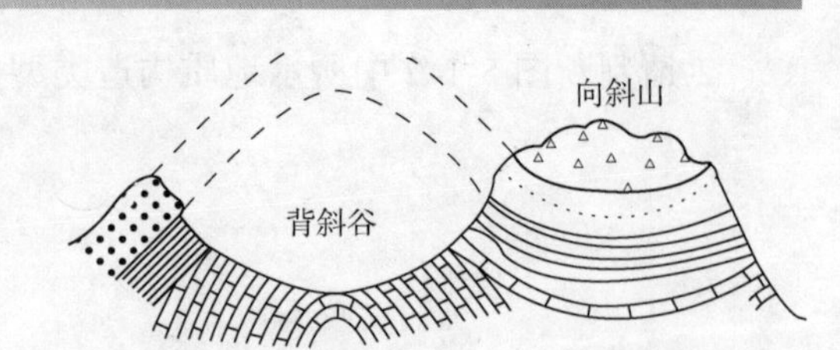

图 5-1-4

2.请判断如图 5-1-5 所示桥基所处位置的地质构造类型。跨越这种地质构造时,将会产生哪些不良影响?

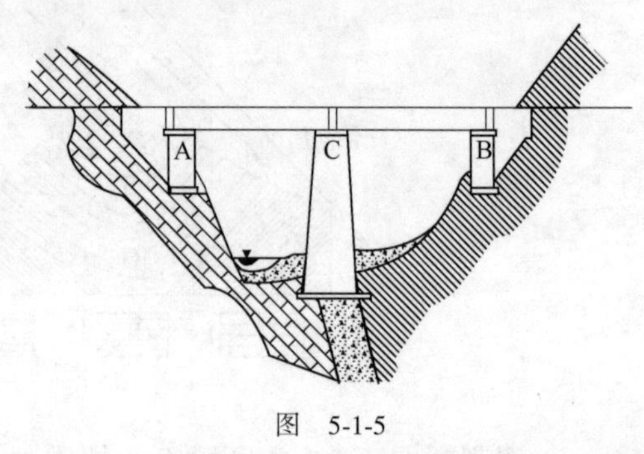

图 5-1-5

四、单元评价(表 5-1-1)

表 5-1-1

小组互评	签字　　年　月　日
教师评价	签字　　年　月　日

单元 1.2　阅读地质图

一、知识评价

1.请书写并记忆地质图概念。

2.请阅读并书写地质图的组成。

二、能力评价

1.请绘制褶曲和断层在地质平面图上的表现形式示意图。

2.简述阅读地质图的步骤,小组成员协作完成阅读如图 5-1-6 所示地质图。

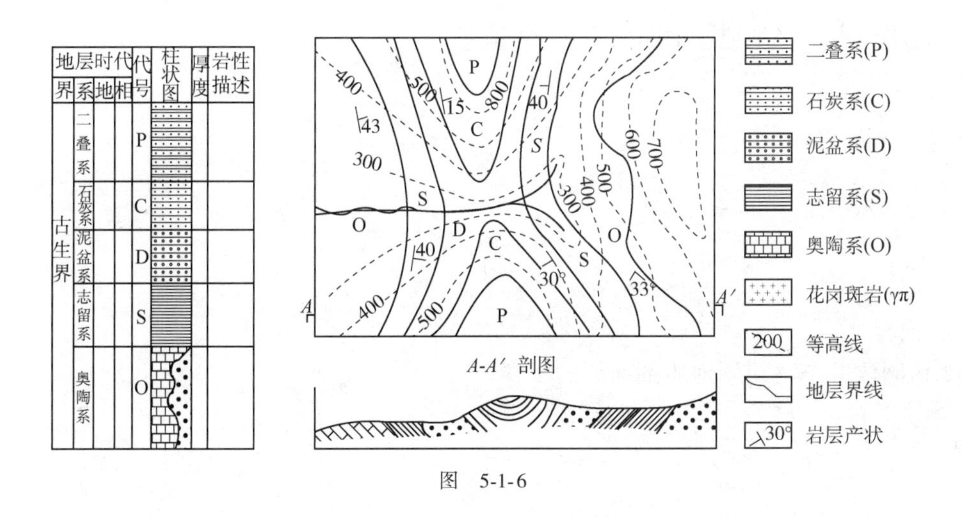

图 5-1-6

三、能力拓展

根据地质图提供的自然地质条件,可为公路设计提供哪些依据?

四、单元评价(表 5-1-2)

表 5-1-2

小组互评	签字　　　　年　　月　　日
教师评价	签字　　　　年　　月　　日

单元 1.3　绘制地质剖面图

一、知识评价

1.请书写并记忆地质剖面图概念。

2.请阅读并书写绘制地质剖面图的步骤。

二、能力评价

小组成员协作完成绘制任务,拟定教材中宁陆河地区地形地质图的剖面线,提交一副完整的地质剖面图。

三、能力拓展

根据地质剖面图提供的自然地质条件,可为公路设计提供哪些依据?

四、单元评价(表5-1-3)

表5-1-3

小组互评	签字　　　年　月　日
教师评价	签字　　　年　月　日

单元2 地表水的地质作用

一、知识评价

1.请书写外动力地质作用的主要类型。

2.请查阅教材本单元内容,找出地表流水形成的地貌名称。

二、能力评价

1.请绘制冲沟的四个典型发育阶段剖面示意图,并说明公路通过时应采取的防治措施。

2.请标注图5-2-1中的河谷形态要素。

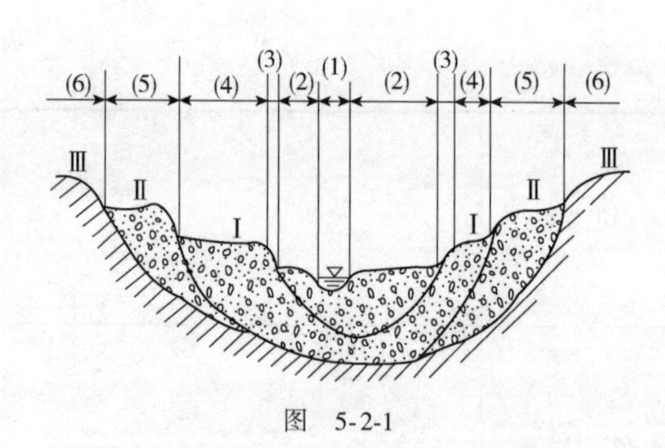

图 5-2-1

三、能力拓展

1.公路通过如图5-2-2所示的洪积层时,应注意哪些问题?

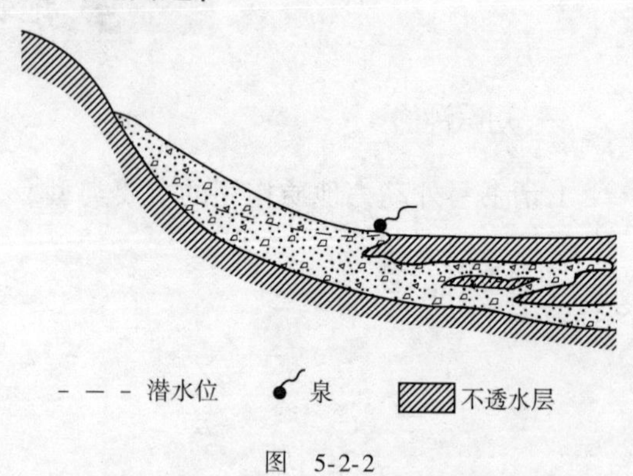

图 5-2-2

2.当公路通过平原蛇曲发育地段时,公路布线应该注意哪些问题?

四、单元评价(表5-2-1)

表5-2-1

小组互评	签字　　年　月　日
教师评价	签字　　年　月　日

单元3 地下水的地质作用

一、知识评价

1.请书写并记忆上层滞水、潜水和承压水概念。

2.请说明地下水的补给、径流和排泄含义。

二、能力评价

请分析并填写潜水和承压水的特征对比表(表 5-3-1)。

表 5-3-1

特征 类型	补给特征	径流特征	排泄特征
潜水			
承压水			

三、能力拓展

1.请说明图 5-3-1a)、b)、c)中地表水与地下水的补给关系。

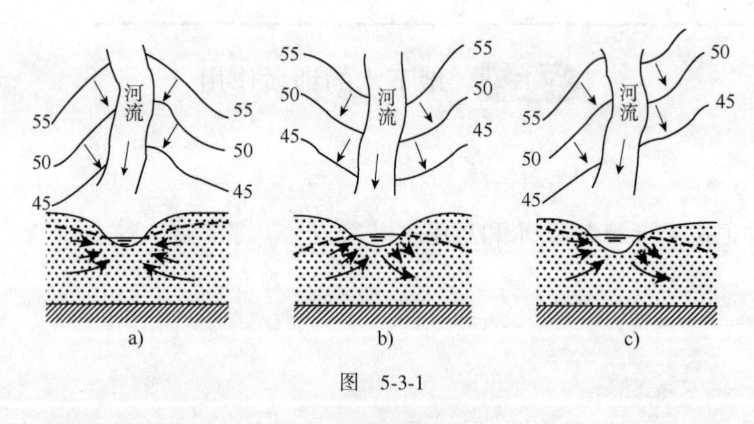

图 5-3-1

2.请阅读某地区的地形与潜水剖面图(图 5-3-2)。

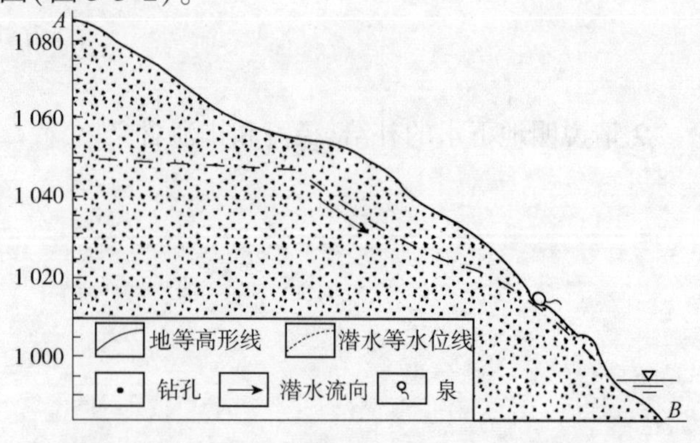

图 5-3-2

四、单元评价(表 5-3-2)

表 5-3-2

小组互评	签字　　　年　　月　　日
教师评价	签字　　　年　　月　　日

单元 4 地　　貌

一、知识评价

1.请书写内、外动力地质作用的具体类型。

2.请查阅并书写地貌的形态分类。

二、能力评价

1.请绘制单面山的剖面形态示意图。

2.请判断图5-4-1~图5-4-3所示垭口的类型,并分析其工程地质条件。

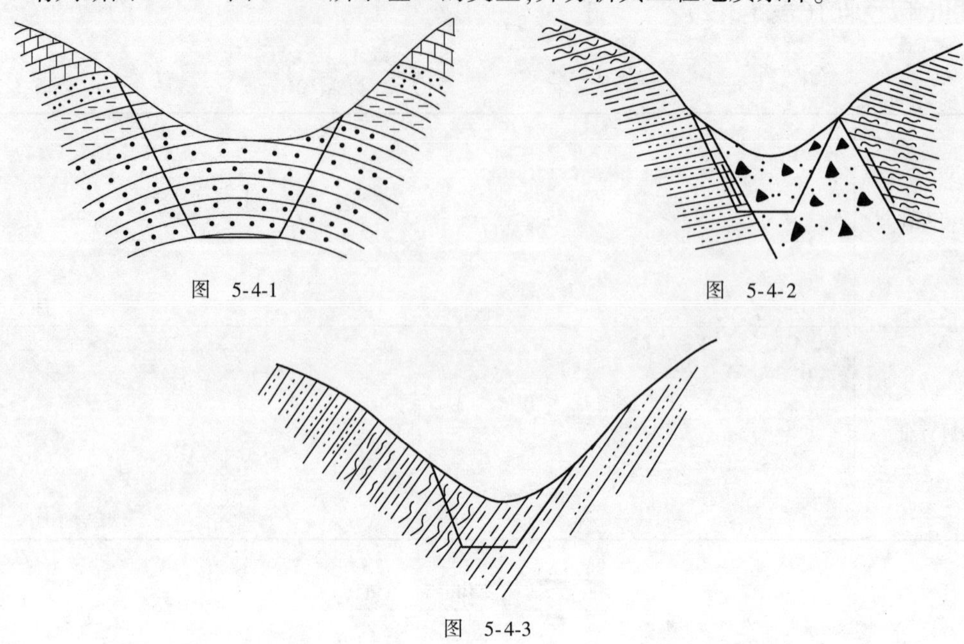

图 5-4-1

图 5-4-2

图 5-4-3

三、能力拓展

1.当公路经过山地地貌时,有哪几种可选的路线方案?

2.公路在堆积平原上布设路线时,应注意哪些问题?

四、单元评价(表 5-4-1)

表 5-4-1

小组互评	签字　　　年　　月　　日
教师评价	签字　　　年　　月　　日

模块六 不良地质与特殊土

单元1 崩 塌

一、知识评价

1.请书写并记忆常见的不良地质现象。

2.请书写并记忆崩塌的概念。

二、能力评价

1.请分析图 6-1-1 中崩塌的形成条件。

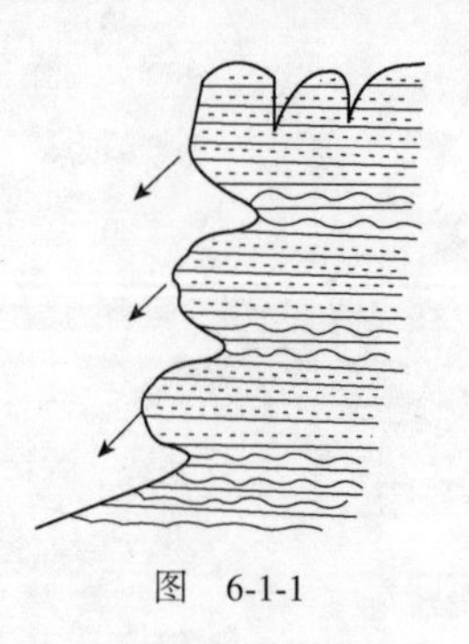

图 6-1-1

2.根据图 6-1-2,回答以下问题。

(1)请判断该公路边坡可能发生的地质灾害类型。

(2)试分析发生地质灾害的原因。

(3)假如公路通过该地区,应采取哪些处理措施?

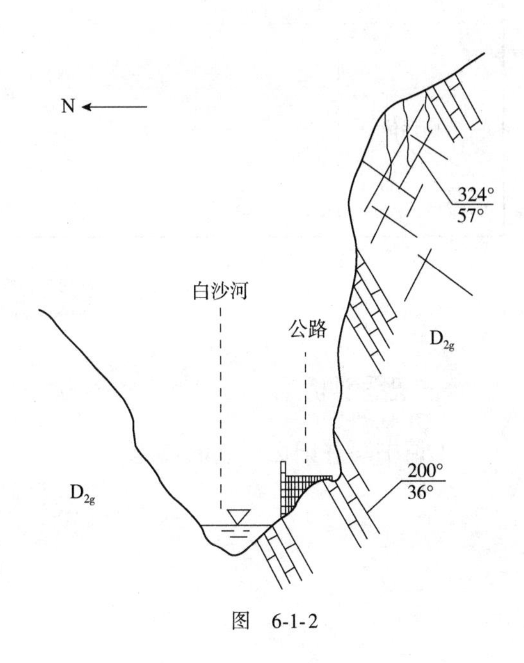

图 6-1-2

三、能力拓展

举例说明你所熟悉的某条公路的崩塌问题,已采用或有待采用的工程对策,评价其适用性、有效性、经济性,并提出更好的治理建议。

四、单元评价(表 6-1-1)

表 6-1-1

小组互评	签字　　年　月　日
教师评价	签字　　年　月　日

单元 2　滑　坡

一、知识评价

1.请书写并记忆滑坡的概念。

2.请记忆并在图 6-2-1 中标出滑坡的形态要素。

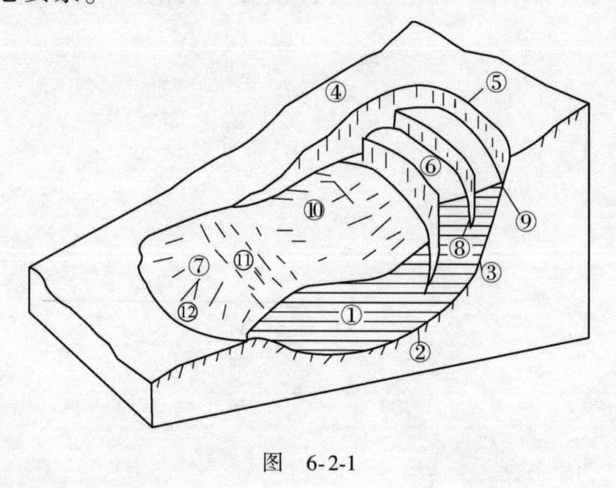

图　6-2-1

二、能力评价

1.某山区公路如图6-2-2所示：

(1)请判断该公路边坡可能发生的地质灾害。

(2)试分析发生地质灾害的原因。

(3)假如公路通过该地区，应采取哪些处理措施？

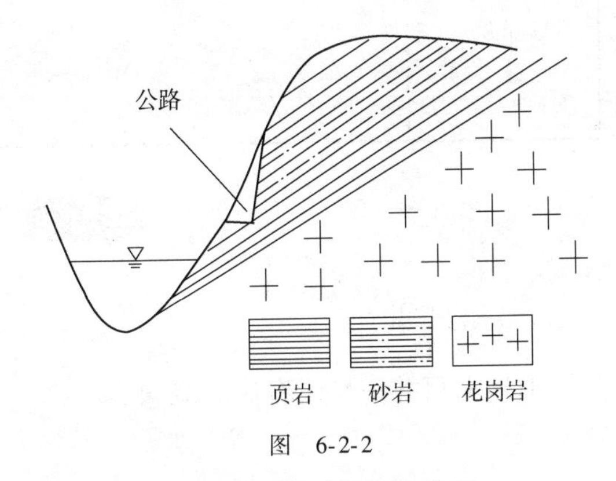

图　6-2-2

2.工程上对滑坡的防治措施常用“绕、排、挡、减、固”，请说明这五字措施的含义。

三、能力拓展

举例说明你所熟悉的某条公路的滑坡问题及已采用或有待采用的工程对策，评价其适用性、有效性、经济性，并提出更好的治理建议。

四、单元评价(表 6-2-1)

表 6-2-1

小组互评	签字　　年　月　日
教师评价	签字　　年　月　日

单元3 泥　石　流

一、知识评价

1.请书写并记忆泥石流的概念。

2.请记忆并书写泥石流三个分区的特征(图 6-3-1)。

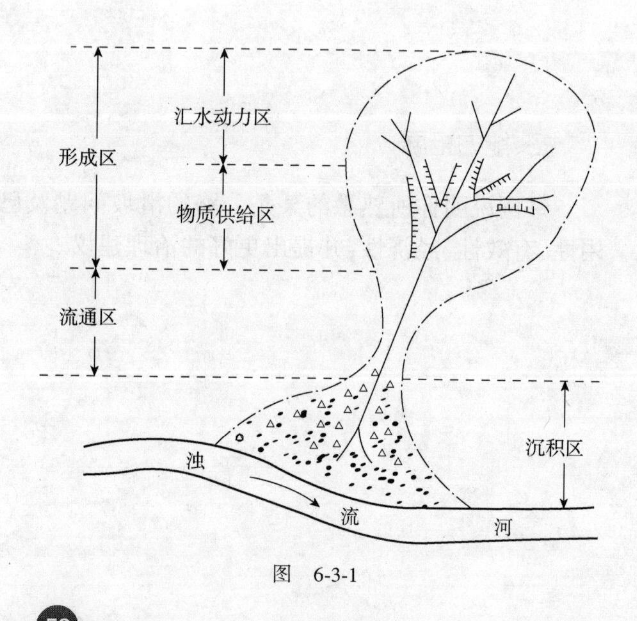

图 6-3-1

二、能力评价

1.泥石流形成的基本条件包括哪些?

2.图 6-3-2 为公路通过泥石流地段的几种方案示意图,请分析不同方案的地质问题和采取的主要措施。

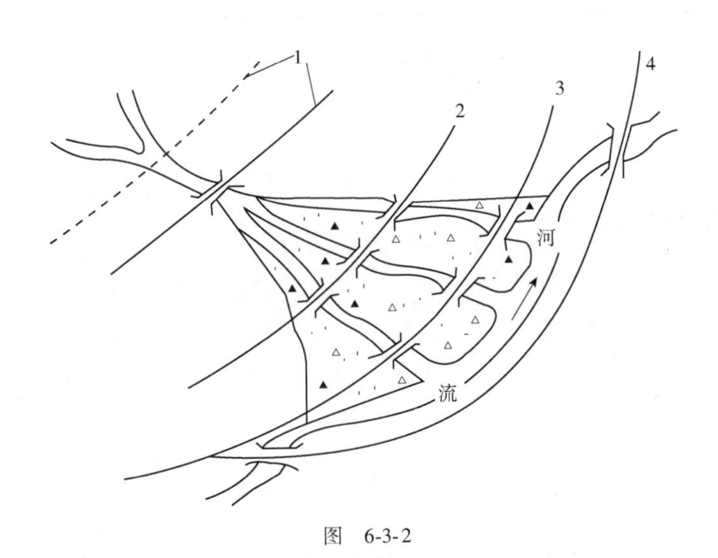

图　6-3-2

三、能力拓展

简析舟曲泥石流的发生原因及其对公路工程造成的影响。在重建过程中,你认为应采取哪些防治措施?以路基或桥梁为例。

四、单元评价(表 6-3-1)

表 6-3-1

小组互评	签字　　　年　　月　　日
教师评价	签字　　　年　　月　　日

单元4 岩　　溶

一、知识评价

1.请书写并记忆岩溶的概念。

2.请记忆并在图 6-4-1 中标出岩溶的形态类型。

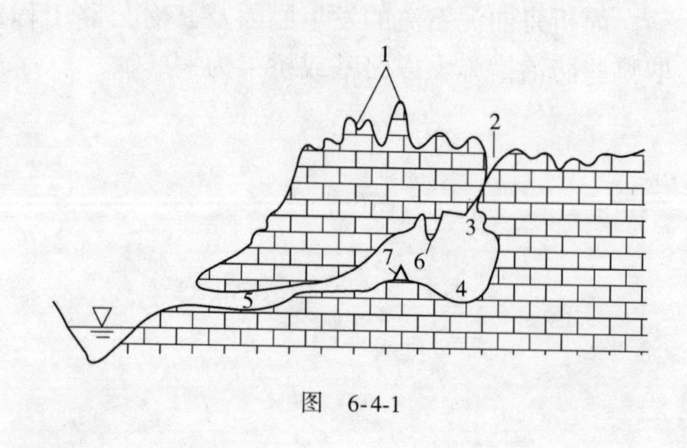

图　6-4-1

二、能力评价

1.请在表6-4-1中填写岩溶地区主要地质问题及其防治措施。

表6-4-1

通过地区	特　　点	防治措施

2.请分析图6-4-2：

(1)判断公路可能发生的地质病害并分析其产生原因。

(2)针对可能产生的病害采取了哪些相应的处理措施？

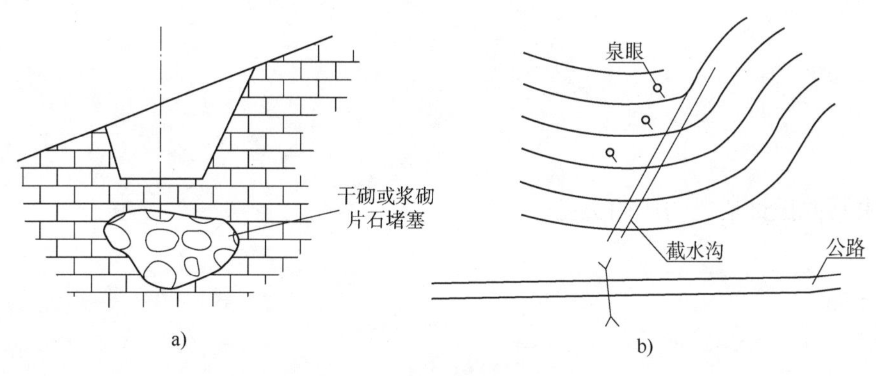

图 6-4-2

三、能力拓展

请查阅资料，分析岩溶地貌会给人类的生产、生活带来哪些影响。

四、单元评价(表6-4-2)

表6-4-2

小组互评	签字　　年　月　日
教师评价	签字　　年　月　日

单元5 地　震

一、知识评价

1.请书写并记忆地震震级和烈度概念。

2.请书写并记忆地震的成因类型。

二、能力评价

1.请分析地震的震级和烈度的关系。

2.根据所学知识分析我国目前主要的环境地质问题有哪些。

三、能力拓展

简析汶川地震对该区公路工程造成的影响，在重建过程中，你认为应采取哪些防震措施？（以路基或桥梁为例）

四、单元评价（表 6-5-1）

表 6-5-1

小组互评	签字　　年　月　日
教师评价	签字　　年　月　日

单元6 特 殊 土

一、知识评价

1.请书写并记忆特殊土的概念。

2.我国常见的特殊土有哪些？并选择2~3种书写其概念。

二、能力评价

1.软土的主要工程性质主要有哪些？请结合某一具体软基拟订该路基病害处理方案。

2.请分析黄土地区工程地质病害及采取的防治措施。

三、能力拓展

请查阅资料介绍某公路在修建过程中针对特殊土所采用的解决办法与技术。

四、单元评价（表6-6-1）

表6-6-1

小组互评	签字　　年　月　日
教师评价	签字　　年　月　日